SITZUNGSBERICHTE DER SÄCHSISCHEN AKADEMIE
DER WISSENSCHAFTEN ZU LEIPZIG

Mathematisch-naturwissenschaftliche Klasse
Band 120 · Heft 2

ARTUR LÖSCHE

DER KERNSPIN: VON DER HYPOTHESE ZUM MODERNEN ANALYSENWERKZEUG

(EINE BEINAHE GESCHICHTLICHE BETRACHTUNG UM DER SACHE WILLEN)

AKADEMIE-VERLAG BERLIN

1988

SITZUNGSBERICHTE DER SÄCHSISCHEN AKADEMIE DER WISSENSCHAFTEN ZU LEIPZIG

MATHEMATISCH-NATURWISSENSCHAFTLICHE KLASSE

Band 112

Heft 1 Prof. Dr. WALTER BREDNOW, Spiegel, Doppelspiegel und Spiegelungen – eine „wunderliche Symbolik“ Goethes 1975. 28 Seiten – 4 Abbildungen – 8° – M 3,–

Heft 2 Prof. Dr. ARTHUR LÖSCHE, Über negative absolute Temperaturen. Eine Einführung 1976. 26 Seiten – 12 Abbildungen – 8° – M 4,–

Heft 3 Prof. Dr. med. HERBERT JORDAN, Kurorttherapie: Prinzip und Probleme 1976. 31 Seiten – 10 Abbildungen – 1 Tabelle – 8° – M 4,50

Heft 4 Prof. Dr. FRIEDRICH WOLF / Dr. PETER FRÖHLICH, Zur Druckabhängigkeit von Ionenaustauschreaktionen 1977. 13 Seiten – 6 Abbildungen – 1 Tabelle – 8° – M 2,–

Heft 5 Prof. Dr. DIETRICH UHLMANN, Möglichkeiten und Grenzen einer Regenerierung geschädigter Ökosysteme 1977. 50 Seiten – 20 Abbildungen – 2 Tabellen – 8° – M 6,50

Heft 6 Prof. Dr. ERICH RAMMLER, Zwei Jahrzehnte Entwicklung des Einsatzes der Energieträger Kohle und Erdöl im Weltmaßstab 1977. 29 Seiten – 6 Abbildungen – 4 Tabellen – 8° – M 4,–

Heft 7 Prof. Dr. ULRICH FREIMUTH, Umweltprobleme in der Ernährung 1977. 32 Seiten – 3 Abbildungen – 4 Tabellen – 8° – M 4,–

Band 113

Heft 1 Prof. Dr. ERICH LANGE, Allgemeingültige Veranschaulichung des II. Hauptsatzes 1978. 22 Seiten – 10 grafische Darstellungen – 8° – M 4,–

Heft 2 Prof. Dr. HERBERT BECKERT, Bemerkungen zur Theorie der Stabilität 1977. 19 Seiten – 8° – M 2,50

Heft 3 Prof. Dr. sc. KLAUS DÖRTER, Probleme und Erfahrungen bei der Entwicklung einer intensiven landwirtschaftlichen Produktion im Landschaftsschutzgebiet des Harzes 1978. 20 Seiten – 6 Abbildungen, davon 4 farbige auf 2 Tafeln – 2 Tabellen – 8° – M 7,–

Heft 4 Prof. Dr. sc. med. HANS DRISCHEL, Elektromagnetische Felder und Lebewesen 1978. 31 Seiten – 14 Abbildungen – 2 Tabellen – 8° – M 5,–

Heft 5 Prof. Dr. MANFRED GERSCH, Wachstum und Wachstumsregulatoren der Krebse. Biologische Erkenntnisse und generelle Erwägungen 1979. 32 Seiten – 13 Abbildungen – 1 Tabelle – 8° – M 6,–

Heft 6 Prof. Dr. rer. nat. FRIEDRICH WOLF / Dr. rer. nat. URSULA KOCH, Über den Einfluß der chemischen Struktur von Dispersionsfarbstoffen auf deren Dispersionsstabilität 1979. 18 Seiten – 3 Abbildungen – 10 Tabellen – 8° – M 3,50

Heft 7 Prof. Dr. rer. nat. FRIEDRICH WOLF / Dr. rer. nat. WOLFGANG HEYER, Zur Sorption an Tetracalciumaluminathydroxysalzen 1980. 12 Seiten – 5 Abbildungen – 4 Tabellen – 8° – M 2,–

Band 114

Heft 1 Prof. Dr. HASSO ESSBACH, Morphologisches zur orthologischen und pathologischen Differenzierung und zum Anpassungs- und Abwehrvermögen der menschlichen Placenta 1980. 19 Seiten – 12 Abbildungen – 8° – M 4,–

Heft 2 Prof. Dr. med. WERNER RIES, Risikofaktoren des Alterns aus klinischer Sicht 1980. 19 Seiten – 9 Abbildungen, davon 1 Abbildung auf Tafel – 8° – M 4,–

Heft 3 Prof. Dr. OTT-HEINRICH KELLER, Anschaulichkeit und Eleganz beim Alexanderschen Dualitätssatz 1980. 19 Seiten – 8° – M 4,–

Heft 4 Prof. Dr. rer. nat. BENNO PARTHIER, Die cytologische Symbiose am Beispiel der Biogenese von Zellorganellen 1981. 29 Seiten – 16 Abbildungen – 2 Tabellen – 8° – M 6,–

Heft 5 Prof. Dr. F. WOLF / Dr. S. ECKERT / Dr. M. WEISE / Dr. S. LINDAU, Untersuchungen zur Synthese und Anwendung bipolarer Ionenaustauschharze 1980. 12 Seiten – 6 Tabellen – 8° – M 2,–

Heft 6 Prof. Dr. med. HERBERT JORDAN, Balneobioklimatologie – Eine Zielstellung im Mensch-Umwelt-Konzept 1981. 25 Seiten – 8 Abbildungen – 1 Tabelle – 8° – M 4,–

SITZUNGSBERICHTE DER SÄCHSISCHEN AKADEMIE DER WISSENSCHAFTEN ZU LEIPZIG

Mathematisch-naturwissenschaftliche Klasse
Band 120 · Heft 2

ARTUR LÖSCHE

DER KERNSPIN: VON DER HYPOTHESE ZUM MODERNEN ANALYSENWERKZEUG

(EINE BEINAHE GESCHICHTLICHE BETRACHTUNG UM DER SACHE WILLEN)

mit 18 Abbildungen

AKADEMIE-VERLAG BERLIN

1988

Vorgetragen in der Sitzung am 10. Mai 1985
Manuskript eingereicht am 30. April 1986
Druckfertig erklärt am 12. November 1987

ISBN 3-05-500480-9
ISSN 0371-327X

Erschienen im Akademie-Verlag Berlin, DDR-1086 Berlin, Leipziger Straße 3–4

Lizenznummer: 202 · 100/389/87
Printed in the German Democratic Republic
Gesamtherstellung: VEB Druckhaus „Maxim Gorki", 7400 Altenburg
LSV 2075
Bestellnummer: 763 823 9 (2027/120/2)

00400

1. Die schnelle Entwicklung der Naturwissenschaften hin zur Technik ist atemberaubend, auch wenn viele sich schon daran gewöhnt haben. Ideen, heute noch Postulate, Hypothesen, können morgen schon Triebfeder neuer technischer Errungenschaften sein. Diese Wandlungen sind meistens nicht vorher zu sehen; sie vollziehen sich nicht isoliert, sondern bedürfen oft des Anstoßes von außen, der Anregung anderer Disziplinen — oder des Zufalls.

Vor 60 Jahren war die Annahme eines Eigendrehimpulses von Atomkernen, eines Kernspins, eine Hypothese, mit der Abweichungen der Form optischer Spektrallinien von den Erwartungen erklärt werden konnten, die aber damals von keiner anderen Beobachtung her gefordert wurde. In einer derartigen Situation ist es notwendig zu überlegen, ob es nicht andere Annahmen gibt, die zu demselben Tatbestand führen.

Inzwischen weiß man, daß mit dem Kernspin magnetische Dipolmomente verknüpft sind, die man experimentell auf $\pm 10^{-6}$ messen kann, mit denen man Änderungen eines Magnetfeldes auf $\pm 10^{-9}$ feststellen kann.

Mit Hilfe dieser magnetischen Kerndipole kann man große Magnete, wie sie für Teilchenbeschleuniger o. ä. benötigt werden, steuern oder das Magnetfeld der Erde messen und daraus auf kosmische Vorgänge oder auf unter der Erde verborgene Bodenschätze schließen. Die räumliche Struktur von Molekülen läßt sich aus Spektren ablesen und die Art von Geweben am lebenden Objekt erkennen.

Diese Auswahl augenfälliger Ergebnisse mag für eine profane Nutzensrechnung ausreichen, sie stellt aber nur einen kleinen Teil des Gewinns dar, den diese Entwicklung brachte. Denn diese technischen Resultate sind eng mit der Entdeckung neuer Erkenntnisse über den Aufbau der Materie verknüpft. Keine Theorie der Atomkerne kann heute die Existenz von Kernspins leugnen; auch die Kenntnisse der zwischenatomaren und -molekularen Kräfte, die großen Anteil am Zusammenhalt der Materie haben, sind wesentlich erweitert worden, wie umgekehrt aus diesen zunächst „artfremden" Gebieten viele Denkanstöße zur Untersuchung der Kernmomente kamen.

Dieses Wechselspiel von Grundlagenwissen und technischen bzw. technologischen Prozessen läuft nach komplizierter Eigengesetzlichkeit ab. Diese aufzuspüren, hat nicht nur historische Reize, sondern ist auch für die Gegenwart nützlich.

2. Als W. PAULI 1924 (Naturwissenschaften 12 (1924) 741) zur Erklärung der Hyperfeinstrukturen bestimmter Spektrallinien, die seit rd. 30 Jahren bekannt waren, annahm, Atomkerne könnten auch einen Eigendrehimpuls haben, hatte die optische Spektroskopie schon eine lange Geschichte hinter sich. Seit 65 Jahren (BUNSEN, KIRCHHOFF) wurde sie rein empirisch zur Erkennung von Elementen benutzt. BALMER hatte, auch rein empirisch, 1885 eine mathematische Beziehung für die Linien des Wasserstoff-Atom-Spektrums aufgestellt, die später theoretisch begründet werden konnte.

ZEEMAN hatte die Aufspaltung von Spektrallinien im Magnetfeld entdeckt und H. A. LORENTZ konnte diese Aufspaltungsbilder erklären: er nahm kreisende Elektronen an. Kreisströme stellen magnetische Dipole dar; die Kreisfrequenz wird — das konnte man alles klassisch errechnen — durch das Magnetfeld verändert. ZEEMAN und LORENTZ erhielten dafür 1902 den Nobel-Preis für Physik. Das Erstaunliche ist, daß RUTHERFORD erst einige Jahre später mit der Coulomb-Streuung von α-Teilchen an Atomen die Kleinheit des Atomkernes beweisen konnte. Erst dann war die Grundlage für das BOHRsche Atommodell gegeben, in dem drei Postulate enthalten sind.

Nach dem klassischen Bild halten sich im Wasserstoffatom die Zentrifugalkraft der Elektronen und die elektrostatische Coulomb-Anziehung von Kern- und Elektronenladung das Gleichgewicht. Die klassisch nicht verständliche Bedingung, deren Formulierung auf NICHOLSEN (1912) zurück geht, besagt, daß das Wirkungsintegral über einen Umlauf

$$\oint p\,dq = nh \tag{1}$$

ein ganzzahliges Vielfaches (n) des Planckschen Wirkungsquantums (h) sein muß (p, q sind verallgemeinerte Impuls- und Ortskoordinaten); dieses ganz ungewöhnliche Postulat war erforderlich, damit das umlaufende Elektron nicht ständig Energie abstrahlt und in den Kern stürzt. Die 3. Annahme besagte schließlich, daß die beim Übergang zwischen 2 Bahnen frei werdende Energie in Form einer elektromagnetischen Welle der Frequenz

$$\nu_{m,n} = \frac{E_m - E_n}{h} \quad \text{bzw.} \quad \frac{1}{\lambda_{mn}} = \tilde{\nu}_{mn} = \frac{E_m - E_n}{hc} \tag{2}$$

abgestrahlt wird (c = Lichtgeschwindigkeit).

Es ergab sich

$$\tilde{\nu}_{mn} = R \cdot Z^2 \left(\frac{1}{n^2} - \frac{1}{m^2}\right) \tag{3}$$

(Z = Kernladung). Die Rydberg-Konstante R konnte man aus Elementarkonstanten bestimmen, und die Übereinstimmung mit experimentellen Werten für das H-Atom übertraf alle bisherigen Erfahrungen der Physik. Man mußte die Mitbewegung des Kernes zulassen, aber das war klassisch verständlich, erweiterte das Modell durch Annahme von Ellipsenbahnen, konnte so eine Bahndrehimpuls-Quantenzahl l einführen, die der Lorentzschen Vorstellung entsprach. Besonders SOMMERFELD und seine Münchner Schule führten das Modell zu immer größerer Vollkommenheit.

Einige Beobachtungen widersetzten sich jedoch diesen BOHR-SOMMERFELDschen Vorstellungen. Dazu gehörten viele Aufspaltungsbilder des Zeeman-Effektes und auch die Ergebnisse der STERN-GERLACHschen Atomstrahlexperimente, bei denen ein Strahl neutraler Atome (z. B. H- oder Ag-Atome) durch ein inhomogenes Magnetfeld aufgespalten wurde. Hinzu kam, daß die Untergruppen des Periodensystems nicht $(2l + 1)$ sondern $2(2l + 1)$ Elemente enthielten; auch das störte die Harmonie des Modells, denn man hätte halbzahlige Drehimpulsquantenzahlen annehmen müssen. All diese Ausnahmen lösten 1926—1928 GOUDSMIT und UHLENBECK durch eine zunächst nur durch den Erfolg begründete Hypothese: Das Elektron hat einen Eigendrehimpuls mit der Spin-Quantenzahl $s = 1/2$ und ein magnetisches Dipolmoment

$$\mu_s = 2 \cdot s \cdot \mu_B \tag{4}$$

(μ_B = Bohrsches Magneton). Demnach setzte sich der Gesamtdrehimpuls eines Elektrons $j\hbar$ aus Spin- und Bahnanteil ($s\hbar$ und $l\hbar$) vektoriell zusammen, und zwar so, daß der Maximalwert von $j = |l| + |s|$ ist und die nachfolgenden Werte immer um 1 kleiner sind (Abb. 1), also

$$j = |l| + |s|, |l| + |s| - 1, |l| + |s| - 2, \ldots, |l| - |s|. \tag{5}$$

Dann ist das magnetische Dipolmoment des Elektrons

$$\mu_j = g_j \cdot j \cdot \mu_B \tag{6}$$

Abb. 1. Eigendrehimpuls ($\vec{s}\hbar$) und Bahndrehimpuls ($\vec{l}\hbar$) des Elektrons addieren sich vektoriell zum Gesamtdrehimpuls ($\vec{j}\hbar$).

mit dem Landé-Faktor

$$g_j = 1 + \frac{j(j+1) + s(s+1) - l(l+1)}{2j(j+1)}. \tag{7}$$

Das ist bereits die durch die Quantenmechanik gegebene Schreibweise.

Für das freie Elektron ($l = 0$, $s = 1/2 = j$) ergibt sich damit der g-Faktor 2 wie in (4) und der Zeeman-Effekt ist vollständig erklärbar; die ursprüngliche Unterscheidung normaler und anormaler (klassisch nicht verständlicher) Zeeman-Effekt ist damit nicht mehr notwendig.

Die theoretische Erklärung der GOUDSMIT-UHLENBECK-Hypothese konnte DIRAC erst 1932 mit der relativistischen Quantentheorie geben; genauere Messungen ergaben dann einen Wert für den g-Faktor des Elektrons, der etwa um 10^{-3} größer als 2 war, und der mit Hilfe der Quantenelektrodynamik erklärt werden konnte. Trotz dieser Verbesserungen stellt das Vektormodell des Elektronendrehimpulses eine gute Näherung dar.

3. Während also eine Reihe verschiedener Erfahrungen zusammen kamen und durch Annahme eines Eigendrehimpulses des Elektrons geklärt werden konnten, beruhte Paulis Hypothese zunächst nur auf der Hyperfeinstruktur von Spektrallinien, also auf Aufspaltungen von Linien bei $\tilde{\nu} \cong 15000\ \text{cm}^{-1}$ um $\cong 0{,}01\ \text{cm}^{-1}$, also der relativen Größenordnung 10^{-6}.

Geht man davon aus, daß die Drehimpulse von Kern und Elektron etwa gleich groß sind, dann muß die Rotationsfrequenz des Kerns, wenn dieses anschauliche Bild gestattet ist, wegen der größeren Masse und damit des größeren Trägheitsmoments, wesentlich niedriger sein. Die Umlauffrequenz der rotierenden Ladung bestimmt aber die Größe des magnetischen Moments. Infolgedessen wird nicht das BOHRsche Magneton

$$1\mu_B = \frac{e\hbar}{2m_e} = 9{,}273 \cdot 10^{-24}\, J \cdot T^{-1}, \tag{8a}$$

sondern das Kernmagneton

$$1\mu_K = \frac{e\hbar}{2m_p} = 5{,}0505 \cdot 10^{-27} J \cdot T^{-1} \tag{8b}$$

die Größenordnung der magnetischen Wechselwirkungen bestimmen.

Nimmt man an, daß Spin- und Bahnmoment der Elektronen am Ort des Atomkerns ein Magnetfeld $H(0)$ erzeugen, das parallel zu $\vec{J}$, dem Gesamtdrehimpuls aller Elektronen ist, dann kann man die magnetische Hyperfeinwechselwirkung in der Form

$$\begin{aligned} \Delta W_{I,J} &= -\mu_I \cdot H(0) \cos\left(\vec{\mu}_I, \vec{H}(0)\right) \\ &= AIJ \cos(\vec{I}, \vec{J}) \end{aligned} \tag{9}$$

schreiben. Die magnetische Hyperfeinstrukturkonstante ist

$$A = \frac{\mu_I H(0)}{IJ} \tag{10}$$

und den Winkel zwischen $\vec{I}$ und $\vec{J}$ kann man ausrechnen, wenn man annimmt, daß $\vec{I}$ und $\vec{J}$ sich vektoriell zu einem Gesamtdrehimpuls $\vec{F}$ (Abb. 2) addieren.

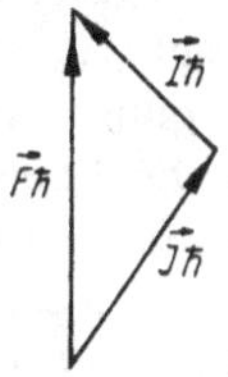

Abb. 2. Gesamtdrehimpuls aller Elektronen ($\vec{J}\hbar$) und Kerndrehimpuls ($\vec{I}\hbar$) bilden den Gesamtdrehimpuls des Atoms ($\vec{F}\hbar$).

F kann die Werte $I + J$, $I + J - 1$, $I + J - 2, \ldots |I - J|$ annehmen und in quantenmechanischer Schreibweise $\left(F^2 \to F(F + 1)\right)$, ist

$$\cos(\vec{I}, \vec{J}) = \frac{F(F + 1) - I(I + 1) - J(J + 1)}{2I \cdot J}.$$

Es ist üblich,

$$F(F + 1) - I(I + 1) - J(J + 1) = C \tag{11}$$

zu schreiben; dann wird

$$W_{IJ} = A \cdot C/2 \tag{12}$$

Da $H(0)$ nur näherungsweise berechnet werden kann, ist μ_I aus A nicht genau bestimmbar.

In schwachen Magnetfeldern stellt sich das Gesamtmoment des Atoms

$$\mu_F = \mu_J \cos(\vec{J}, \vec{F}) - \mu_I \cos(\vec{I}, \vec{F}) \tag{13}$$

als ganzes im Feld ein und bestimmt die Multiplettstruktur. Erst in höheren Feldern B ist ein Paschen-Back-Effekt möglich, der μ_J und μ_I entkoppelt und zu den Zusatztermen im hohen Feld führt

$$\Delta W_B = \frac{m_J}{J} \cdot \mu_J B - \frac{m_I}{I} \mu_I B + A m_I m_J. \tag{14}$$

Das zweite Glied, das den Kern-Zeeman-Effekt darstellt, ist optisch wegen der großen natürlichen Linienbreite nicht nachweisbar, so daß in ΔW_B über m_I nur der Kernspin I eingeht.

4. Um die Paulische Hypothese zu bestätigen, mußte nach Möglichkeiten gesucht werden, diesen Kernmagnetismus noch auf andere Weise nachzuweisen. Es war naheliegend, zunächst die Ausmessung der Hyperfeinstrukturen mit Hilfe von Interferometern zu verbessern. Dabei galt es, die Linienverbreiterungen der Spektrallinien durch Stöße zu reduzieren. SCHÜLER (1936) entwickelte hierzu die mit flüssigem Stickstoff gekühlte Hohlkathode: Durch den geringen Abstand der Anode wurde die positive Säule der Gasentladung unterdrückt und das negative Glimmlicht sorgte für intensive Anregung des Füllgases und des zerstäubten Kathodenmaterials. PAUL (1941) regte Atomstrahlen durch Stöße mit Elektronen zum Leuchten an. Da die Bewegung der Leuchtatome senkrecht zur Beobachtungsrichtung erfolgt, wird die linienverbreiternde Wirkung des Dopplereffekts stark reduziert. Mit dieser verfeinerten Technik konnten bessere Spektren erzeugt werden; auch Aufspaltungen im Magnetfeld wurden nachweisbar. Damit ließ sich der Kernspin (aus der Anzahl der Komponenten) relativ sicher bestimmen, aber für Kernmomente erhielt man nur die Größenordnung. SCHÜLER und Mitarbeitern gelang es, 1935/36 auch elektrische Kernquadrupolmomente nachzuweisen, die auftreten, wenn der Kernspin $I \geqq 1$ ist.

Die magnetischen Momente von Atomen und Molekülen führen zum Paramagnetismus, zu einer temperaturabhängigen Suszeptibilität. LASAREW und SCHUBNIKOW (Phys. Zeitschrift der SU **11** (1937) 445) haben mit viel Aufwand den Paramagnetismus der Atomkerne nachgewiesen, der in Analogie zum Elektronenparamagnetismus die Form

$$\chi_I = N \frac{\mu_I^2}{3kT} \cdot \mu_0 \tag{15}$$

haben müßte (N = Anzahl der Kernmomente pro Volumeneinheit, μ_0 = magnetische Feldkonstante, T = absolute Temperatur). Um χ_I messen zu können, muß man Elektronenparamagnetismus vermeiden, also Moleküle im $^1\Sigma$-Grundzustand untersuchen. Die Rotation der Moleküle sollte auch weitgehend reduziert werden und schließlich wird man bei möglichst tiefen Temperaturen messen. Mit einer statischen Methode (Anziehung in einem inhomogenen Feld) wurde χ von Wasserstoff zwischen 1,76 K und 4,22 K gemessen; unter Berücksichtigung der Anteile von Ortho- und Para-Wasserstoff (Kernspins der beiden Protonen im H_2 parallel bzw. antiparallel) erhielten sie für Protonen ein Kernmoment von $2{,}8\mu_K$, also eine vernünftige Größenordnung.

Damit war die PAULIsche Hypothese zunächst für Wasserstoff-Kerne experimentell weitgehend abgesichert, die quantitative Bestimmung der Momente war aber noch unbefriedigend.

5. Nun hatte GROTRIAN bereits 1929 vorgeschlagen, geringe Niveau-Unterschiede direkt zu messen und nicht als Differenz zweier großer Energiewerte

zu bestimmen. Das bringt grundsätzlich einen Genauigkeitsgewinn. Es kommt noch hinzu, daß optische Spektrallinien wegen der geringen Lebensdauer angeregter Zustände eine größere nat. Linienbreite haben (diese nimmt bekanntlich mit ν^3 zu!). Dadurch können Effekte beobachtbar werden, die im optischen Bereich vollständig überdeckt sind, also z. B. auch der 2. Term in (14).

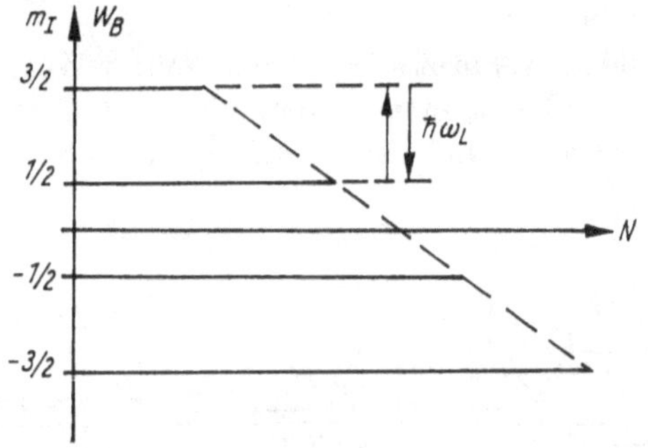

Abb. 3. Kern-Zeeman-Niveaus (bei $I = 3/2$) und normale Besetzungsdichte $(N(m_I))$ $(T > 0)$.

Gorter versuchte 1936 die Kern-Zeeman-Niveaus durch einen Resonanz-Effekt nachzuweisen. Es handelt sich um ein System äquidistanter Niveaus ($\Delta m_I = \pm 1$) mit einem Abstand (Abb. 3)

$$\Delta W_{B,\Delta m_I=1} = \frac{\mu_I}{I\hbar} \cdot B\hbar = \omega_L \hbar .$$

Setzt man für $\mu_I/I\hbar = \gamma$, das gyromagnetische Verhältnis, dann ist

$$\omega_L = \gamma \cdot B . \tag{16}$$

Ein hochfrequentes Wechselfeld der Frequenz $\omega = \omega_L$ induziert Übergänge zwischen den Niveaus, bei denen Energie verbraucht (↑) oder frei (↓) wird. Da man annehmen kann, daß dabei vom Spin-System Energie an das Gitter abgegeben wird, müßte sich die ganze Probe bei Resonanzeinstrahlung erwärmen.

Über den Wechselwirkungsmechanismus Spin-System-Gitter wußte man zu jener Zeit gar nichts; es gab keinerlei Erfahrungen, aus denen man etwa auf die Geschwindigkeit dieses Energieaustausches, auf die Spin-Gitter-Relaxationszeit schließen konnte.

Gorter ging davon aus, daß die Resonanzerwärmung bei tiefen Temperaturen am günstigsten nachweisbar sein müßte; außerdem sind dann die Besetzungsunterschiede benachbarter Niveaus am größten. Die Substanz darf natürlich nicht paramagnetisch sein und wurde daher sorgfältig gereinigt. Man nahm Paraffin, das sich in einem Resonator befand. Es trat aber auch bei einem zweiten Versuch mit etwas abgewandelter Technik kein Effekt ein.

Wir wissen heute, daß tiefe Temperaturen (es wurde bei etwa 4 K gemessen) und größte Reinheit einen Erfolg verhinderten, da dann die Spin-Gitter-Relaxationszeit so lang wird, daß der Wärmeaustausch bei diesen Meßbedingungen nicht nachweisbar sein kann.

Wegen der fehlenden Kenntnisse über Spin-Gitter-Wechselwirkung gingen RABI und Mitarbeiter 1938/39 einen anderen Weg. Aufbauend auf der Stern-Gerlachschen Atomstrahltechnik entwickelten sie die Molekularstrahlresonanzmethode (Abb. 4).

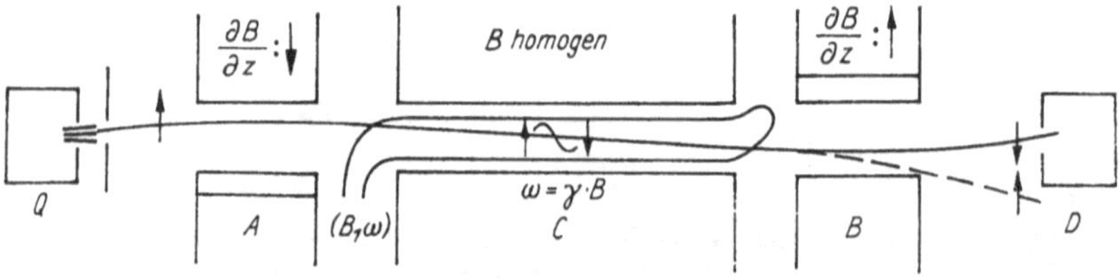

Abb. 4. Schema eines Molekularstrahlresonanzspektrometers: Q: Molekularstrahlquelle; A, B: inhomogene Magnete mit entgegengesetzten Feldgradienten; D: Molekularstrahldetektor; B homogen: ≡ Homogener Magnet mit HF-Doppelleitung zur Erzeugung der Resonanzumklappung.

Ein inhomogenes Magnetfeld ($\partial B/\partial z$) übt auf ein Dipolmoment $\vec{\mu}$ eine Kraft

$$F_z = -\mu \cdot \cos(\vec{\mu}, \vec{z}) \cdot \frac{\partial B}{\partial z} \tag{17}$$

aus, die das Teilchen aus seiner Bahn ablenkt (A-Feld). Mit einem zweiten Feld (B-Feld) entgegengesetzter Inhomogenität (Vorzeichenumkehr von $\partial B/\partial z$) kann man die Ablenkung kompensieren und das Teilchen wird in dem Detektor nachgewiesen. Wird aber zwischen beiden inhomogenen Magneten die Richtung von μ_{eff} (Vorzeichen von $\cos(\vec{\mu}, \vec{z})$) durch Resonanzeinstrahlung in einem homogenen Feld (C-Feld) umgekehrt, dann vergößert das B-Feld die Auslenkung und die im Detektor gemessene Intensität läßt nach.

Der experimentelle Aufwand ist recht hoch: Justierung von Magneten im Hochvakuum, Nachweis von Ablenkungen um 0,01 mm usw.; trotzdem gelang es, die Protonenresonanz nachzuweisen (Abb. 5). Mit Hilfe einiger Kniffe wurden die Fehler auf $\pm 10^{-5}$ herab gedrückt und die gyromagnetischen Verhältnisse vieler Kerne konnten mit einer Genauigkeit bestimmt werden, die die aller theoretischen Modelle übertraf. Damit wurde die Paulische Hypothese endgültig bestätigt.

Es stellte sich heraus, daß bei der erreichten Genauigkeit das gyromagnetische Verhältnis eines Kernes von der chemischen Umgebung nicht beeinflußt wurde; die Kerne waren gewissermaßen im Elektronengerüst des Moleküls kardanisch aufgehängt. Es war aber noch unklar, warum das Gortersche Experiment keine Ergebnisse brachte.

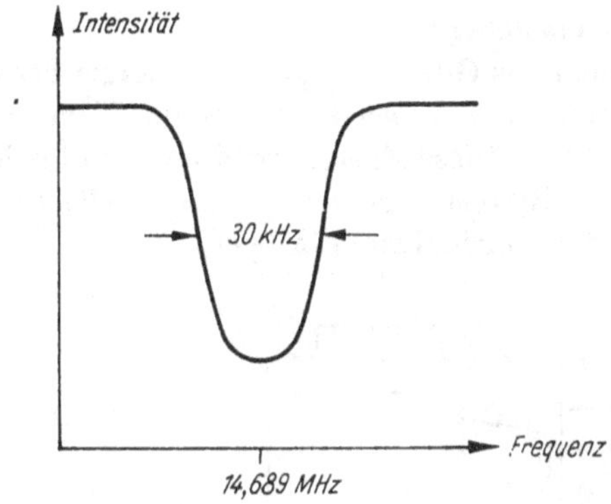

Abb. 5. Intensitätsverlauf des Molekularstrahls (KOH) in einem Magnetfeld (C) von 0,3450T.

6. Die Jahre nach GORTERS Experimenten brachten Fortschritte in der HF-Meßtechnik: Das Signal-Rausch-Verhältnis von Empfängern wurde verbessert, die Modulations-Technik wurde eingeführt usw. Die Molekularstrahlresonanzmethode hatte schon sehr genaue Werte für gyromagnetische Verhältnisse ergeben, so daß man nur noch einen kleinen Bereich nach Signalen absuchen mußte. Von entscheidender Bedeutung war aber auch die Erfahrung von BONHOEFFER und FARKAS, daß die Auskleidung der Rohrwände in Verflüssigern mit paramagnetischen Salzen die Einstellung des Gleichgewichts von Ortho- und Parawasserstoff wesentlich beschleunigte.

Bei normaler Temperatur beträgt das Verhältnis Ortho:Para = 3:1. Beim Ortho-Wasserstoff sind die Kernspins parallel und der Gesamtspin ist infolgedessen 1. Es können Rotationszustände mit $l = 1, 3, 5$ usw. auftreten. Zum Para-Wasserstoff gehört der Gesamtspin 0 und die Rotationszustände 0, 2, 4, 6 ... Bei tiefen Temperaturen ist der Rotationszustand 0 bevorzugt; im Gleichgewicht sind alle Moleküle im Para-Zustand, der energetisch der tiefere ist. Die Zeit des Verflüssigens reicht nicht aus, um flüssigen Para-Wasserstoff zu erzeugen, es überwiegt Ortho-Wasserstoff. Dieser wandelt sich allmählich in Para-Wasserstoff um; dabei wird Wärme frei, der Wasserstoff erwärmt sich und verdampft selbst in einem thermisch vollkommen isolierten Gefäß. Deshalb war die Beschleunigung der Umwandlung während des Verflüssigungsvorganges von außerordentlicher Bedeutung. Die paramagnetischen Ionen mußten hierbei als Katalysatoren wirken, die auf Grund ihrer größeren Dipolfelder die Wechselwirkung von Kernspins mit der Umgebung verstärkten.

In Wasser gelöste Fe^{3+}-Ionen müßten daher auch den Energieübergang von den Protonen zu den übrigen Freiheitsgraden des Wassers beschleunigen. Durch Änderung der Fe^{3+}-Konzentration konnte man empirisch die günstigsten Nachweisverhältnisse einstellen.

Die vom Spin-System ans Gitter abgegebene Energie verteilt sich natürlich auf viele Freiheitsgrade, und infolgedessen ist die Temperaturerhöhung der gesamten Probe sehr klein. Diese Energie wird andrerseits dem HF-Kreis entzogen. Die Messung der Resonanzenergie an dieser Stelle, also der Verluste des HF-Systems, müßte dann mehr Erfolg bringen.

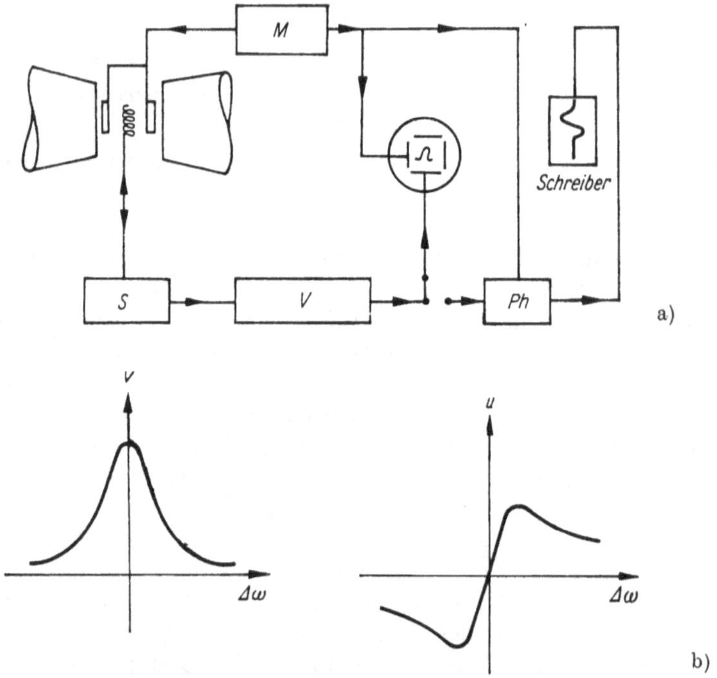

Abb. 6. a) Blockschaltbild eines klassischen NMR-Spektrometers:
S: Spin-Detektor (HF-Brücke oder schwach schwingender Oszillator),
V: Verstärker und Gleichrichter
Ph: Phasenempfindlicher Gleichrichter (Lock-in-Detektor)
M: Modulationsgenerator

b) Absorptions- und Dispersionssignal.

Mit diesen Überlegungen gelang 1945/46 zwei Gruppen um BLOCH und PURCELL der direkte Nachweis des Kern-Zeeman-Effekts von Protonen in Wasser bei normaler Labor-Temperatur. Das Blockschaltbild zeigt Abb. 6: Die Probe, etwa 0,5 cm^3, befindet sich in einer kleinen Spule im starken Magnetfeld, das moduliert wird. Die Spule ist Teil einer Meßbrücke oder eines schwach schwingenden Oszillators und wird jedes Mal, wenn das Feld die Resonanzbedingung (16) erfüllt, bedämpft. Diese periodische Amplitudenänderung wird verstärkt und oszillographisch sichtbar gemacht oder auf einem Schreiber registriert. Man bezeichnet dieses Verfahren heute allgemein als NMR (nuclear magnetic resonance).

Die Bedeutung dieses Experiments wurde durch die nachfolgenden Ergebnisse unterstrichen. Nachdem man einmal den Resonanzeffekt hatte, konnte man durch systematische Veränderungen die verschiedenartigsten Einflüsse auf die Statik und Dynamik der Kernspins analysieren und gerade diese bisher unbekannte Wechselwirkung der Kernspins mit der Umgebung erwies sich als Fundgrube für neue Analysenverfahren im breitesten Sinne des Wortes.

Ehe wir auf einige Beispiele eingehen, sei kurz noch auf ein anderes, nicht stationäres Meßverfahren hingewiesen.

Nach einem klassischen, schon von LARMOR benutzten Bild führen die Kernmomente um die Richtung des Magnetfeldes $\vec{B}$ eine Präzession, eine Art Kreiselbewegung, mit der Frequenz ω_L (Gl. (16)) aus. In einem mit ω_L um die B-Richtung rotierenden Koordinatensystem $x', y', z' = 1$ steht also $\vec{\mu}_I$ still, als wäre kein äußeres Feld da, das äußere Feld wird also durch ein virtuelles Feld $B_{\text{virt}} = -\frac{\omega_L}{\gamma}$ kompensiert (Abb. 7). Liegt nun im rotierenden System ein Wechselfeld B_1 ($\ll B$) etwa in Richtung y' an, dann wird $\vec{\mu}_I$ im rotierenden Koordinatensystem um die y'-Achse eine zusätzliche Präzessionsbewegung mit

$$\omega_1 = \gamma B_1 \tag{18}$$

ausführen.

Weiterhin sind im Gleichgewicht die Spins nach der Boltzmann-Statistik auf die verschiedenen Niveaus verteilt (Abb. 3); d. h. die Vektorsumme aller Dipolmomente einer Volumeneinheit ergibt eine Magnetisierung (χ_I s. Gl. (15))

$$\vec{M} = \chi_I \vec{H}, \tag{19}$$

die parallel zur $\vec{z}$-Richtung (entspricht $\vec{B}$ bzw. $\vec{H}$) verläuft.

Schaltet man nun $\mathfrak{B}_1$ nur kurzzeitig ein, so daß

$$\omega_1 \cdot t_{\pi/2} = \pi/2 \tag{20}$$

ist, dann werden alle Spins und damit auch $\vec{M}$ um $\pi/2$ in Richtung x' gedreht.

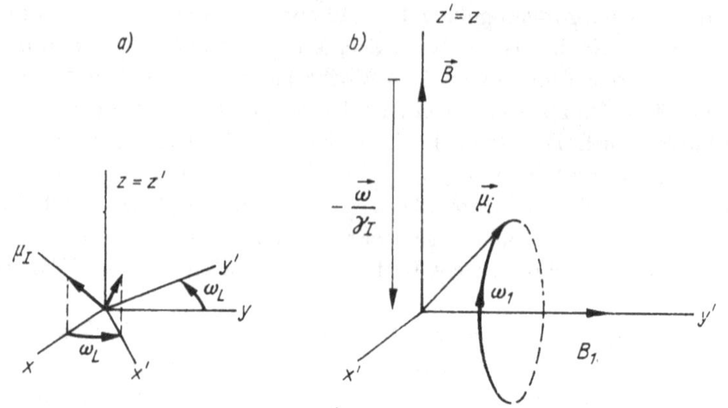

Abb. 7. Bewegung eines Kerndipolmoments im rotierenden Koordinatensystem (x', y', z')

a) μ_I präzediert um $z = z'$ mit $\omega_L = \gamma_I B$, so daß der Dipol gegenüber (x', y', z') in Ruhe ist.

b) um ein mit $\omega = \omega_L$ rotierendes Magnetfeld B_1 präzediert $\vec{\mu}_I$ mit $\omega_1 = \gamma_I B_1$.

Am Ende dieses Impulses präzediert also $\vec{M}$ in der x-y-Ebene um $\vec{z}$ und induziert in der HF-Spule eine Wechselspannung der Frequenz ω_L. Diese läßt sich verstärken und messen (Abb. 8).

Durch Stöße und andere Wechselwirkungen wird die Amplitude von $M_\perp$ abgebaut; man kann das mit

$$\dot{M}_{x,y} = -\frac{M_{x,y}}{T_2} \qquad (21\text{a})$$

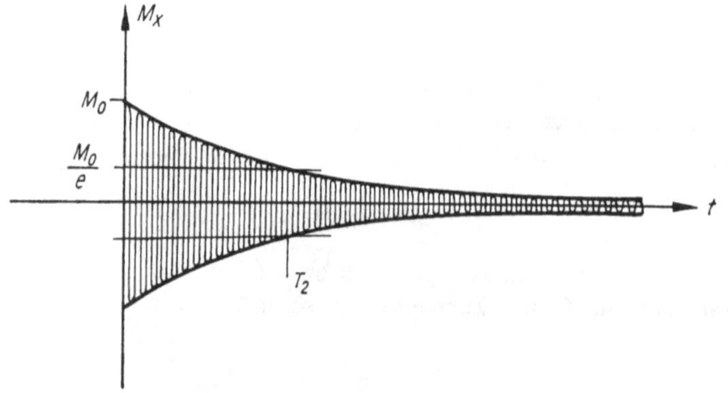

Abb. 8. Abfall der beim F.I.D.-Signal induzierten Spannung.

beschreiben. Die transversale Relaxationszeit T_2 wird einmal durch Umverteilung der Spins in der x-y-Ebene bestimmt, flip-flop-Übergänge, bei denen sich die z-Komponente von $\vec{M}$ nicht ändert. Andrerseits aber ändert sich $\vec{M}_\perp$ auch, weil durch Spin-Gitter-Wechselwirkung die Magnetisierung parallel $\vec{B}$ wieder aufgebaut wird; dafür schreibt man

$$\dot{M}_z = -\frac{M_z - M}{T_1}. \tag{21b}$$

Aus dieser Einführung ist ersichtlich, daß stets:

$$T_2 \leqq T_1 \tag{22}$$

gelten muß.

Dieses F.I.D.-Signal (free-induction-decay) ist die Fourier-Transformierte des C.W.-Signals (continuous-wave, Abb. 8).

T_2 liegt bei reinen Flüssigkeiten in der Größenordnung von einigen Sekunden und kann bei Festkörpern Werte von einigen Mikrosekunden annehmen. Nach kurzer Zeit ist demnach das F.I.D.-Signal abgeklungen; man kann den Meßvorgang wiederholen, die Abklingkurven überlagern und so das Signal-Rausch-Verhältnis verbessern. Bei C.W.-Signalen ist das kaum möglich, da die Abtastung eines Signals sehr lange (bis zu mehreren Stunden) dauern kann. Mit den in Gleichungen (21a) und (21b) eingeführten Relaxationszeiten kann man auch das C.W.-Signal besser beschreiben:

Die Kernspins erzeugen im HF-Feld eine dynamische Suszeptibilität,

$$\chi = \chi' - j\chi'', \tag{23}$$

die zu einer HF-Magnetisierung

$$M_x = 2B_1(\chi' - j\chi'') \cos \omega t = u \cos \omega t - v \sin \omega t \tag{24}$$

führt. Uns interessiert hier nur der Absorptionsanteil:

$$v = 2B_1\chi'' = \omega_0 \chi_I B_1 \frac{T_2}{1 + (\Delta\omega)^2 T_2^2 + \gamma^2 B_1^2 T_1 T_2}. \tag{25}$$

Wir sehen, die transversale Relaxationszeit hängt mit der Linienbreite zusammen

$$\Delta\omega_{1/2} = \frac{1}{T_2} (1 + \gamma^2 B_1^2 T_1 T_2)^{1/2}. \tag{26}$$

Mit zunehmender HF-Feldstärke B_1 nimmt die Amplitude ab und die Linienbreite zu; es tritt Sättigung ein, weil die eingestrahlte HF-Energie nicht mehr schnell genug an das Gitter abgeleitet werden kann.

Es treten Linienbreiten zwischen 0,5 Hz und einigen 10^4 Hz auf. *Tabelle 1* gibt Resonanzfrequenzen einer kleinen Auswahl von Isotopen wieder.

Tabelle 1

NMR-Frequenzen in einem Magnetfeld von 2,3488 T (Auswahl)

Isotop	Spin	nat. Häufigkeit	Resonanzfrequenz (MHz)
1 H	1/2	99,98%	100,00
2 H	1	$1{,}5 \cdot 10^{-2}$%	15,351
3 H	1/2	0	106,663
3 He	1/2	$1{,}3 \cdot 10^{-4}$%	76,178
6 Li	1	7,42%	14,716
7 Li	3/2	92,58%	38,863
13 C	1/2	1,108%	25,144
14 N	1	99,63%	7,224
15 N	1/2	0,37%	10,133
19 F	1/2	100%	94,077
23 Na	3/2	100%	26,451
27 Al	5/2	100%	26,057
29 Si	1/2	4,7%	19,865
31 P	1/2	100%	40,481
63 Cu	3/2	69,09%	26,505
65 Cu	3/2	30,91%	28,394
69 Ga	3/2	60,4%	24,003
71 Ga	3/2	39,6%	30,495
73 Ge	9/2	7,76%	3,488
75 As	3/2	100%	17,126
113 In	9/2	4,28%	21,866
115 In	9/2	95,72%	21,914
195 Pt	1/2	33,8%	21,499

7. Obwohl die Wechselwirkung der Kernmomente mit der atomaren Umgebung recht klein ist verglichen mit dem Kern-Zeeman-Effekt, geben die Linienbreiten und -aufspaltungen, die Linienverschiebungen doch sehr genaue Auskünfte über die Kopplungsmechanismen der Kernmomente. Da Verschiebungen von 0,1 Hz meßbar sind, lassen sich Energiedifferenzen von 10^{-34} J feststellen.

Die Kerne sind von Elektronenschalen umgeben, die das äußere Magnetfeld am Kernort schwächen: das Resonanzfeld ist also

$$B_0 = B(1 - \sigma). \tag{27}$$

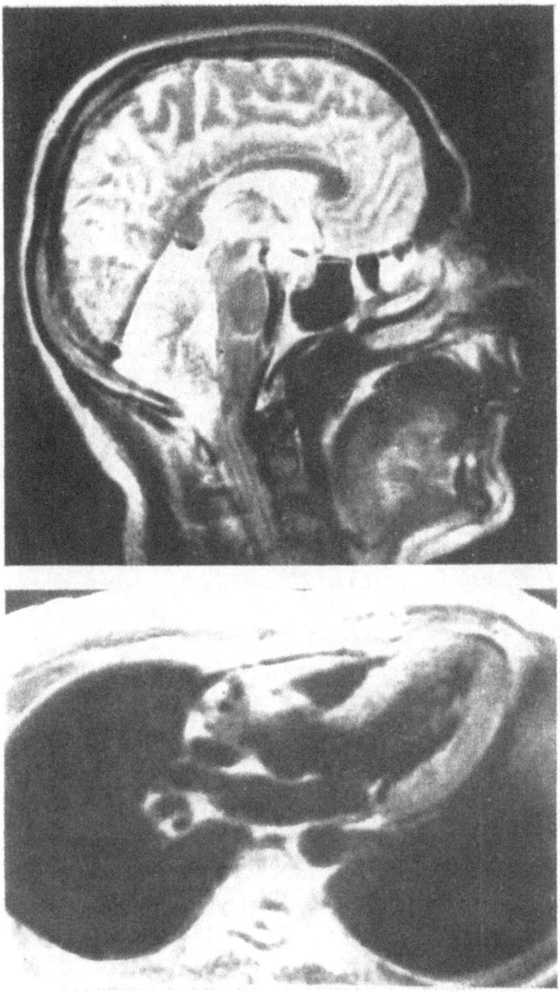

Abb. 18a, 18b

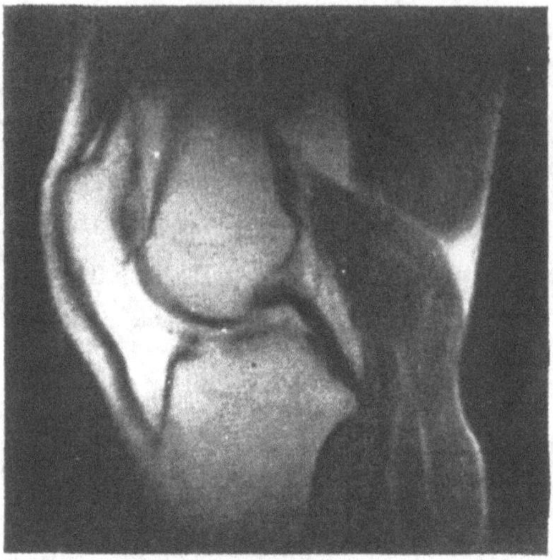

Abb. 18c

Abb. 18. Beispiele von NMR-Tomogrammen (Protonen, etwa 0,28 T). Es werden spezielle Impulsfolgen und sich ändernde Feldgradienten benutzt (Aufnahme BRUKER-Physik).

a) T_2-gewichteter Medio-Sagittalschnitt des Kopfes

b) EKG-getriggertes Schrägbild des Herzens.
Dadurch wird das Herz immer in derselben Phase aufgenommen, es ist scheinbar in Ruhe, was zu einer größeren Schärfe der Konturen führt.

c) Kniegelenk mit deutlicher Darstellung des hinteren Kreuzbands.

Die Abschirmkonstante σ ist bei Wasserstoffkernen in der Größenordnung 10^{-5}, sie wächst mit der Elektronenzahl und liegt bei Wismut in der Größenordnung 10^{-2}, σ hängt nicht nur von der Elektronenzahl, sondern auch von der Konfiguration ab, also von der Art der chemischen Bindung.

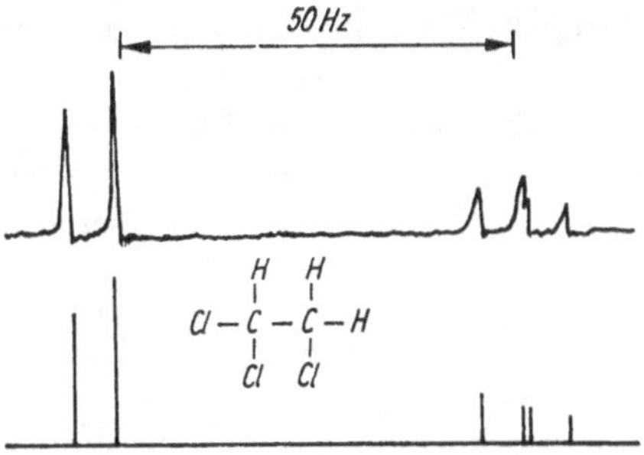

Abb. 9. Protonenspektrum von 1,1,2-Trichloräthan.
Die Protonen-Linien der CH_2-Gruppe spalten durch indirekte Wechselwirkung mit dem CH-Proton in ein Dublett, das CH-Proton durch die CH_2-Protonen in ein Triplett auf. Hier ist $J_{AB}/|\omega_A - \omega_B| = 0{,}105$, also nicht $J_{AB} \ll \Delta\omega$. Es muß Störungsrechnung 2. Ordnung getrieben werden; diese ergibt die Unsymmetrien der Liniengruppen.

Darüber hinaus besteht zwischen einzelnen Spin-Gruppen noch eine indirekte Dipolkopplung, die, da sie über die Elektronenhülle geht, von der Orientierung des Moleküls im Magnet unabhängig ist. Abbildung 9 zeigt das Protonenspektrum von Trichloräthan: Es enthält zunächst zwei verschiedene, chemisch verschobene Linien der C—H- und der CH_2-Gruppe; die Zuordnung ist an Hand der Intensität leicht möglich. Das CH-Proton hat 2 Einstellungsmöglichkeiten und spaltet dabei die Linie der CH_2-Protonen in ein Dublett auf. Die CH_2-Gruppe kann den Gesamtspin 0 haben; das führt zu einer Linie bei CH; der Gesamtspin kann aber auch 1 sein, dann wird die CH-Linie in ein Triplett aufgespaltet, dessen Mittellinie mit der nicht aufgespaltenen Komponente zusammenfällt. In erster Näherung läßt sich also das Spektrum durch ein Energieniveau-Schema der Art

$$E^{(1)}_{m_A m_B} = -\hbar\big(\gamma B(\sigma_A m_A + \sigma_B m_B) + J_{AB} m_A m_B\big) \tag{28}$$

beschreiben mit den Auswahlregeln

$$\Delta m_A = 0, \quad \Delta m_B = \pm 1$$
$$\Delta m_A = \pm 1, \quad \Delta m_B = 0.$$

Damit hat man die Möglichkeit, die Existenz und die gegenseitige Lage von

Atomgruppen in einem Molekül zu bestimmen und damit Strukturformeln nachzuprüfen. Das hat die industrielle Fertigung von Spektrometern begründet, die heute dem Bau von Infra-Rot-Spektrometern durchaus gleichzusetzen ist. Ursprünglich lag die Grenze des Magnetfeldes bei rd. 2,3 T, bestimmt durch das Sättigungsverhalten der für die Polschuhe verwendeten Legierungen. Gegenwärtig werden kommerziell NMR-Spektrometer mit Supraleitungsmagneten bis zu 11,75 T angeboten.

In dielektrischen Kristallen sind i. a. die Linien um Größenordnungen breiter. Ein Kernmoment erzeugt um sich ein magnetisches Dipolfeld, das sich am Ort eines anderen Kerns dem äußeren Feld überlagert (Abb. 10)

$$B_0 = B + \frac{3}{2} \frac{\mu_I}{r^3} (3 \cos^2 \theta - 1) \frac{\mu_0}{4\pi}. \tag{29}$$

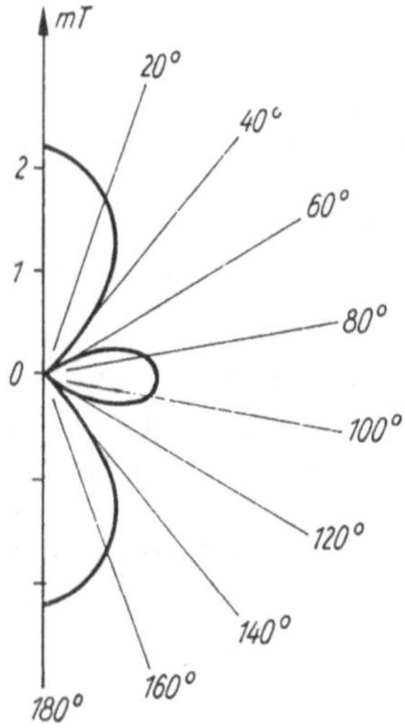

Abb. 10. Dublettaufspaltung des Protonensignals bei einem $^1H-^1H$-Abstand von 0,168 nm.

Bei heteronuklearer Kopplung steht an Stelle von 3/2 nur ein Faktor 1. Das ergibt Zusatzfelder bzw. Linienaufspaltungen bis zu 20 kHz. In einem Einkristall, in dem etwa alle H—H-Verbindungen von Kristallwasserprotonen zueinander parallel sind, führt das zu einer orientierungsabhängigen Dublettaufspaltung. Abbildung 11 zeigt die Dublettaufspaltung zwischen den Protonenpaaren an den Seiten der Benzen-Moleküle. Es handelt sich hier um eine flüssig-kristalline (nematische) Phase, bei der die Achsen der länglichen Moleküle annähernd parallel zueinander sind.

Diese vereinfachte Interpretation gilt nur, wenn alle anderen Momente von den Paaren weiter entfernt sind, so daß deren Beiträge zum lokalen Feld vernachlässigbar sind. Sonst sind mehrere Dipolfelder zu überlagern, was mit Hilfe von Rechnern möglich ist.

In Flüssigkeiten sind solche Dipolfelder natürlich auch vorhanden. Wegen der kurzen Korrelationszeiten (10^{-11} s) „sieht" der einzelne Kern nur den Mittelwert des Dipolfeldes (29) und dieser verschwindet, weil der räumliche Mittelwert von $\cos^2 \theta = \frac{1}{3}$ ist.

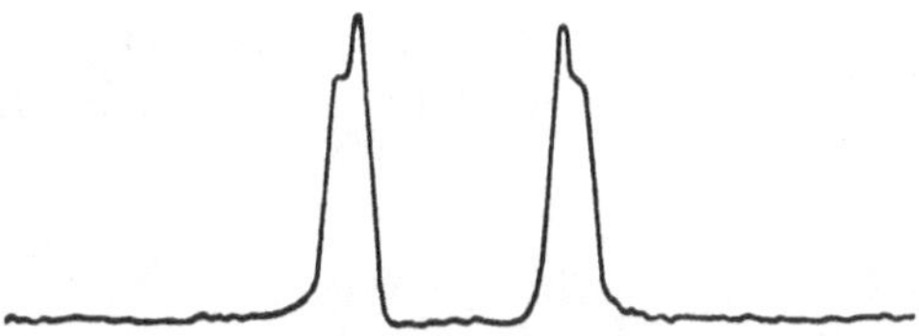

Abb. 11. Protonenspektrum des teilweise deuterierten *p*-Azoxyanisols in nematischer Phase ($CD_3-O-C_6H_4-N=NO-C_6H_4-OCD_3$). Die Moleküle sind weitgehend parallel orientiert; an jedem Benzol-Ring existieren 2 Protonen-Paare, deren Verbindungslinien parallel zueinander sind. Das führt zur Dublett-Aufspaltung.

W. D. Knight stellte 1949 fest, daß in Metallen, z. B. Kupfer, die NMR-Linie gegenüber der in Salzen verschoben ist. Townes erkannte, daß diese Verschiebung durch den schwachen Paramagnetismus der Leitungselektronen (χ_e) hervorgerufen wird, wobei die Aufenthaltswahrscheinlichkeit der Elektronen am Kernort ($|\psi_F(0)|^2$) mit eingeht

$$\frac{\Delta B}{B_0} = \frac{8\pi}{3} \frac{\chi_e}{N} \overline{|\psi_F(0)|^2}. \tag{30}$$

Dieser Effekt wurde auch in Halbleitern beobachtet: er liefert Werte zur Elektronen- und Löcherstruktur derartiger Verbindungen, die mit anderen Verfahren kaum zugänglich sind.

Während die bisherigen Erscheinungen hauptsächlich durch die Lage der Kerne zur Umgebung bestimmt werden, hängen die Relaxationszeiten vor allem von der Dynamik, von den Gitterbewegungen usw. ab. Hier sind eine Fülle von Einflüssen vorhanden, die einzeln nicht aufgezählt werden können. So spielen Rotationen und Schwingungen von Molekülsegmenten, Beweglichkeiten paramagnetischer Ionen u. a. eine entscheidende Rolle.

8. Bis etwa 1968 sah es so aus, als ob Flüssigkeiten Material für die hochauflösende NMR, für chemische Verschiebung und indirekte Spin-Spin-Kopplung liefern würden, während Festkörper nur der sogenannten Breitlinienspektroskopie vorbehalten blieben; die chemische Verschiebung schien hier

nicht nachweisbar zu sein wegen der Linienverbreiterung durch die Dipol-Dipol-Kopplung.

Um diese Zeit konnte durch die Entwicklung der Computer-Technik die Fourier-Transform-Spektroskopie eingesetzt werden. Die Linienform und die Spektrenaufspaltung spiegeln sich nämlich in einer Modulation des F.I.D.-Signals (Abb. 8) wider. Die Umsetzung dieses Zeit-Spektrums in ein Frequenzspektrum erfordert Rechneraufwand. Dafür kann man die Signale akkumulieren. Auf diese Weise steigert man die Empfindlichkeit (s. Abb. 12).

Weiterhin beherrschte man die Impuls-Sende- und Empfänger-Technik so gut, daß man μs-Impulse verwenden konnte, mit denen man die Spin-Richtungen im Magnetfeld schnell ändern kann, wie wir es bei der Erläuterung des

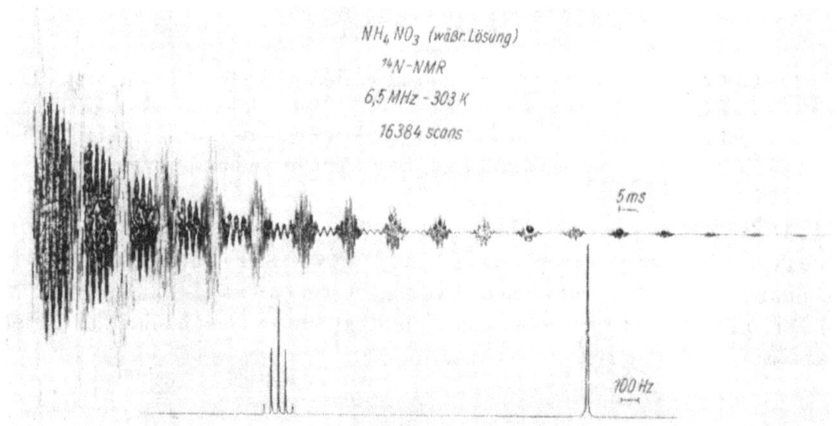

Abb. 12. ^{14}N-Spektrum in wäßriger Lösung von NH_4NO_3 bei 6,5 MHz (2,113 T). Das FID-Signal, 16384mal gespeichert, ergibt nach der Fourier-Transformation zwei Linien (NH_4 und NO_3), von denen die erste durch indirekte Dipol-Kopplung mit den 4 Protonen in ein Quintett aufgespalten ist.

F.I.D.-Signals gesehen haben. Dadurch werden die lokalen Dipolfelder (Abb. 10) variiert. Man könnte das so schnell und stochastisch tun, daß — wie in Flüssigkeiten — der Mittelwert des Dipolfeldes Null wird. Auf diese Weise würden aber auch die chemische Verschiebung und andere Effekte eliminiert und Informationen gingen verloren. Man hat aber bald heraus gefunden, daß es bestimmte Impuls-Sequenzen gibt, mit denen man z. B. die Dipol-Dipol-Kopplung eliminieren kann, ohne die chemische Verschiebung auszulöschen. So haben Waugh, Haeberlen und Huber eine 4-Impuls-Folge gefunden, die sog. WHH4-Sequenz, mit der man in 1. Näherung die Dipol-Dipol-Kopplung auslöscht, aber die chemische Verschiebung nur um einen Faktor 1/3 reduziert (Abb. 13). Das Signal entnimmt man als F.I.D. nach einem geeigneten Impuls, speichert viele Folgen und schreibt dann die Fourier-Transformierte im Frequenzmaßstab aus.

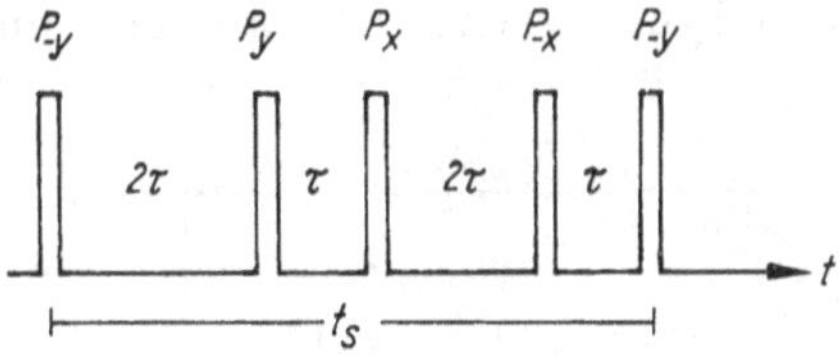

Abb. 13. WHH4-Impulsfolge zur Eliminierung der Dipol-Dipol-Kopplung. Es handelt sich stets um $\pi/2$-Impulse um die $x(P_x)$, $y(P_y)$ bzw. $-x(P_{-x})$ und $-y(P_{-y})$-Achsen.

Hierbei geht es nicht darum, dieselbe Information, die man sonst in flüssiger Phase erhält (chemische Verschiebung und J-Kopplung) auch im Festkörper zu erhalten; im Kristall sind die gleichartigen chemischen Bindungen parallel zueinander orientiert, so daß man nun nicht nur den isotropen Mittelwert der Abschirmkonstanten, sondern auch die Richtungsabhängigkeit messen kann, denn σ hat Tensorcharakter.

Ein weiteres Problem war der Nachweis schwacher Signale von Isotopen sehr geringer Konzentration (z. B. ^{13}C, von dem nur 1% im natürlichen Kohlenstoff enthalten ist). Von früheren Experimenten war schon bekannt, daß man durch Doppelresonanzexperimente die Kernspinmagnetisierung zweier Isotope austauschen kann. Hierzu müssen beide Resonanzfrequenzen $\omega_A = \gamma_A B$ und $\omega_B = \gamma_B B$ mit Amplituden B_{1A} und B_{1B} eingestrahlt werden, aber so, daß die Hartmann-Hahn-Bedingung

$$\gamma_A B_{1A} = \gamma_B B_{1B} \tag{31}$$

erfüllt ist; d. h., beide Spin-Magnetisierungen $\vec{M}_A$ und $\vec{M}_B$ präzedieren um die x'-Achsen der jeweiligen rotierenden Koordinatensysteme mit derselben Frequenz. Dann besteht optimale Wechselwirkung zwischen beiden Spinsystemen und die stärkere Magnetisierung wird auf das schwächere System übertragen.

Pines, Gibby und Waugh haben hieraus eine Methode entwickelt, mit der man ^{13}C-Signale bei natürlicher Häufigkeit dieses Isotops in orientierten Phasen erhalten kann (Abb. 14). Wegen der Seltenheit von ^{13}C ist eine Dipol-Dipol-Kopplung zwischen ^{13}C-Kernen nicht zu fürchten. Die ^{1}H-^{13}C-Dipol-Kopplung wird durch einen $\pi/2$-Impuls und einen anschließenden $\pi/2$-Phasensprung aufgehoben. Die ^{1}H-Magnetisierung rotiert dann mit $B_{1,{}^1\mathrm{H}}$ um die Richtung des Magnetfeldes. Schaltet man nun das $B_{1,{}^{13}\mathrm{C}}$-Feld unter Einhaltung der Hartmann-Hahn-Bedingung (31) ein, dann wird die ^{13}C-Magnetisierung verstärkt; man kann sie nach Abschalten dieses ^{13}C-B_1-Feldes als F.I.D.-Signal registrieren und auswerten.

Ein Beispiel zeigt Abb. 15. Es handelt sich wiederum um flüssig-kristalline Phasen einer organischen Verbindung, in denen die Moleküle gut parallel zueinander orientiert sind; das erkennt man an den schmalen Linien. Jedem

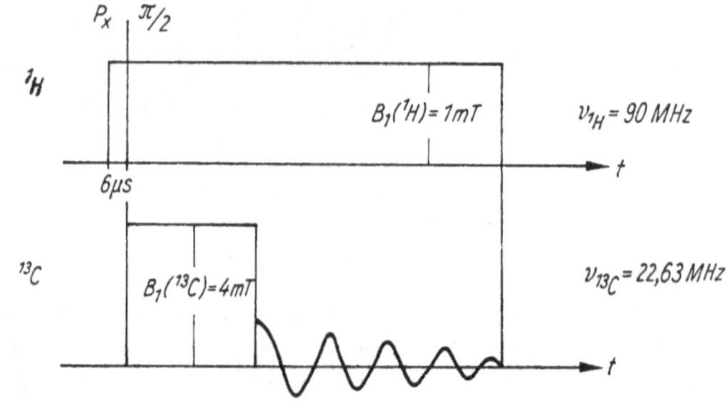

Abb. 14. P.-G.-W.-Impulsprogramm zum Nachweis von ^{13}C-Signalen.

C-Atom des starren Mittelteils kann man eine Linie zuordnen; die Resonanzlinien gegenüberliegender C-Atome der Benzen-Ringe fallen zusammen, was an der doppelten Signalamplitude erkennbar ist. Daraus kann man auf schnelle Rotation um die Moleküllängsachse schließen. Die Abstände ändern sich mit der Temperatur, d. h. die Molekülorientierung in den verschiedenen Phasen ist verschieden. Die chemischen Verschiebungen der Glieder der aliphatischen Ketten sind ähnlich, außerdem „wackeln" die Ketten mehr. Dadurch fallen hier mehrere Linien zusammen. Das sind Informationen, die für die Analyse flüssigkristalliner Phasen von Bedeutung sind.

9. In zunehmendem Maße werden NMR-Methoden auch auf biologische Objekte angewendet, um z. B. aus dem Aufspaltungsbild eines Spektrums auf die vorliegenden Phosphorverbindungen schließen zu können (Abb. 16). Mit Hilfe geeignet geformter HF-Spulen oder durch einen geeigneten Feldverlauf gewinnt man Spektren in vivo von bestimmten Organen, deren Funktionstüchtigkeit an Hand der gefundenen Molekülgruppen geprüft werden kann.

Seit 1972 versucht man, auch räumlich aufgelöste Spektren zu erzeugen. Damadian erzeugte hierzu ein inhomogenes, sattelförmiges Magnetfeld und benutzte ein Wechselfeld, das nur im Sattelpunkt die Resonanzbedingung erfüllt (Abb. 17). Man erhält so nur von diesem Punkt Signale, deren Amplitude ein Maß für die Konzentration des betreffenden Isotops ist. Verschiebt man nun diesen Punkt, so kann man punktweise die Intensitätsverteilung aufnehmen. Damit wurden die ersten Bilder z. B. vom Innern des Brustkorbs auf-

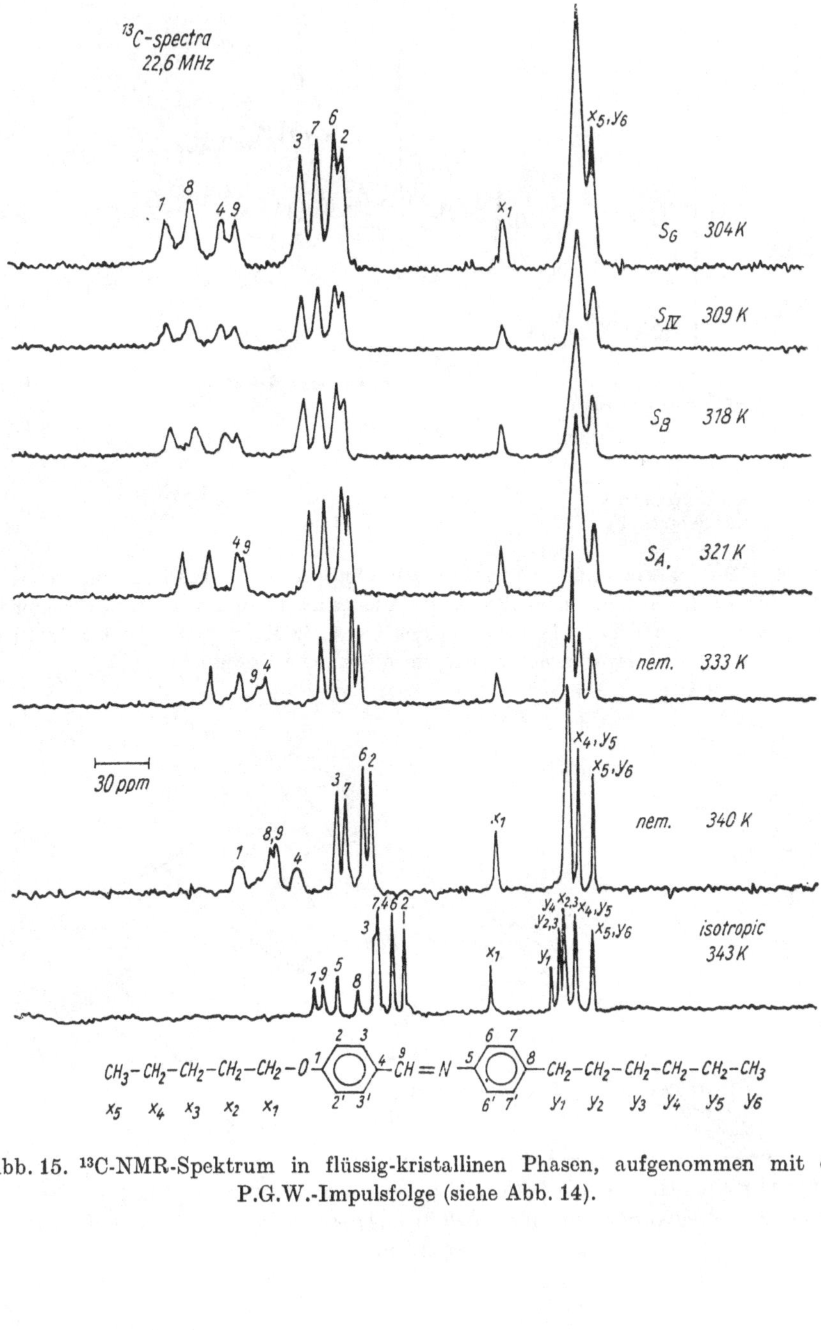

Abb. 15. ^{13}C-NMR-Spektrum in flüssig-kristallinen Phasen, aufgenommen mit der P.G.W.-Impulsfolge (siehe Abb. 14).

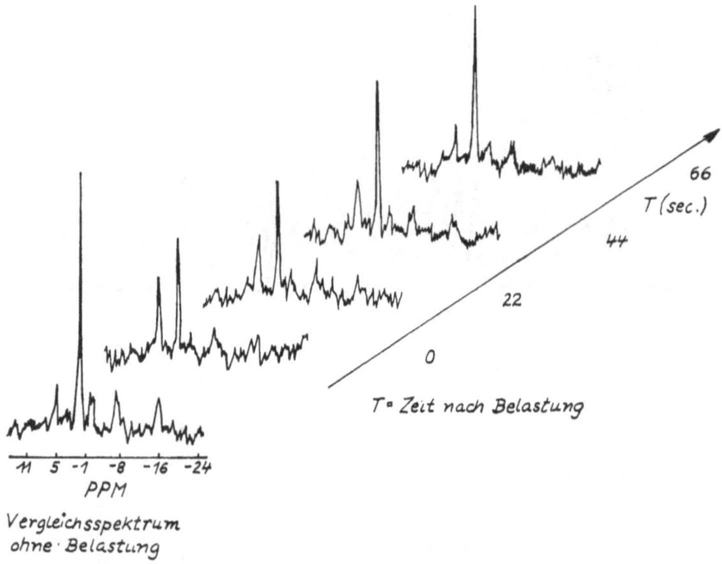

Abb. 16. ^{31}P-Spektrum eines Unterarms bei abklingender Belastung. An den sich ändernden Spektren kann man den ATP (Adenosintriphosphat)-Umsatz bestimmen. Die Spektren wurden mit Oberflächenspulen bei 40,48 MHz (2,3488 T) bei 20 Überlagerungen aufgenommen (BRUKER-Physik).

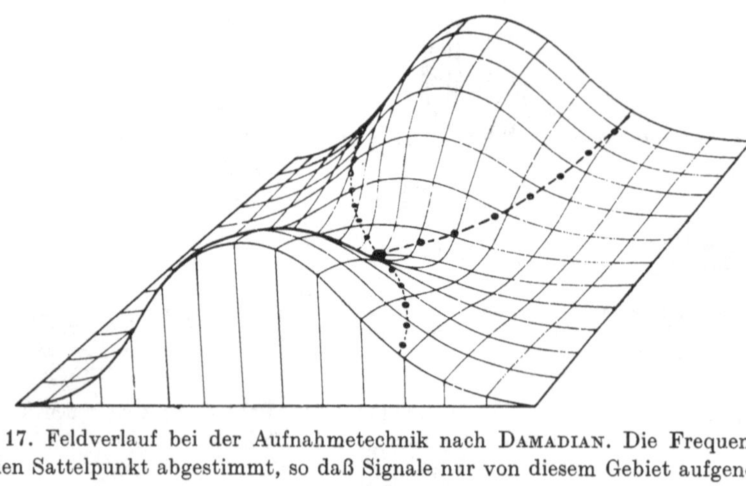

Abb. 17. Feldverlauf bei der Aufnahmetechnik nach DAMADIAN. Die Frequenz wird auf den Sattelpunkt abgestimmt, so daß Signale nur von diesem Gebiet aufgenommen werden.

genommen. Dieses Verfahren eignet sich aber nicht für Routinemessungen, da die Aufnahmezeit von mehreren Stunden kaum reduziert werden kann.

LAUTERBUR u. a. begannen kurz danach Methoden anzuwenden, die denen der Röntgentomographie ähneln. Die Raumauflösung wird durch lineare Feldgradienten erreicht. Die Isotope, die zum Signal beitragen, liegen dann jeweils in einer Ebene, welche die Resonanzbedingung erfüllt. Durch Kombination vieler Signale mit unterschiedlichen Feldgradienten erhält man einen großen Meßwertvorrat, aus dem schnelle Rechner großer Speicherkapazität dann das Bild rekonstruieren.

Die meisten Erfahrungen liegen von Protonenbildern vor. In mit Eisen abgeschirmten Luftspulen kann man homogene Magnetfelder von 0,28 T herstellen, durch die man die zu untersuchenden Personen schiebt, um Ganzkörperaufnahmen zu machen. Bei Verwendung von Supraleitungsspulen erreicht man 2 T und für kleinere Feldbereiche zur Aufnahme von Körperteilen 2,4 T bis 4,7 T. Mit Impulsprogrammen kann man die Untersuchungszeit auf wenige Minuten herab drücken; gleichzeitig kann man dann die Aufnahme mit T_2-Messungen koppeln.

Dadurch ist es möglich, Gewebe, die dieselbe Konzentration von Wasserstoffatomen, aber eine unterschiedliche Dynamik haben, zu unterscheiden. Man kann z. B. gesundes und krankes, z. B. kanzerogenes Gewebe voneinander trennen.

Man kann auch die Impulsfolgen mit dem Pulsschlag des Patienten synchronisieren und auf diese Weise „Momentanaufnahmen" des schlagenden Herzens gewinnen. Einige Beispiele sind in Abb. 18 angegeben.

10. Mit dieser kleinen Auswahl von Anwendungsmöglichkeiten, nicht nur zur Lösung technischer, technologischer Probleme, sondern auch auf Gebieten, die Ausgangspunkt neuer Erkenntnisse sind — z. B. hat auch die Laser-Physik davon profitiert, denn das Studium der „Mikrowechselwirkungen" wurde wesentlich durch die NMR gefördert —, sollte vor allem auch zum Nachdenken angeregt werden.

Ausgangspunkt war eine „rein akademische" Hypothese, die Annahme von Kernspins, der zu dieser Zeit niemand einen praktischen Wert zugeschrieben hätte. In mühsamer Kleinarbeit wurden weitere Fakten zusammengetragen, die schließlich zu einer Spektroskopie in einem Frequenzgebiet führten, das bis dahin nur von Nachrichtenübertragungssystemen genutzt wurde. Erfolge auf anderen Gebieten, Impulstechnik, elektronische Rechentechnik, führten zu Erweiterungen, die schließlich eine völlig neuartige Methode der medizinischen Diagnostik ergaben. Wenn wir heute die hohe Praxiswirksamkeit hervor heben, dürfen wir die experimentellen und theoretischen Arbeiten vor 60, 50 und 40 Jahren nicht vergessen, die weitab von den damals aktuellen Problemen durchgeführt wurden.

Band 115

Heft 1 Prof. Dr. rer. nat. HERMANN BERG, Wilhelm Ostwald – Erkenntnisse über die Biosphäre
1981. 36 Seiten – 7 Abbildungen – 3 Tabellen – 8° – M 6,–

Heft 2 Prof. Dr. sc. KLAUS DÖRTER, Aphorismen zur Qualität des Bewässerungswassers
1981. 31 Seiten – 11 Abbildungen – 11 Tabellen – 8° – M 6,–

Heft 3 Prof. Dr. Ing. Dr. rer. nat. h. c. PAUL GÖRLICH, Die geschichtliche Entwicklung des wissenschaftlichen Gerätebaus und seine zukünftige Bedeutung 1981. 36 Seiten – 8° – M 6,–

Heft 4 Prof. Dr. WOLFGANG BUCHHEIM, Albert Einstein als Wegbereiter nachklassischer Physik
1981. 29 Seiten – 8° – M 4,–

Heft 5 Prof. Dr.-Ing. HERBERT KRUG, Die Technologie der Brikettierung von Weichbraunkohle im Lichte der Verfahrenstechnik und der besseren Nutzung dieses Energieträgers
1982. 20 Seiten – 13 Abbildungen – 8° – M 3,–

Heft 6 Prof. Dr. ERNST NEEF, Der Verlust der Anschaulichkeit in der Geographie und das Problem der Kulturlandschaft 1981. 34 Seiten – 8° – M 5,–

Band 116

Heft 1 Prof. Dr. WERNER RIES, Studien zum biologischen Alter
1982. 27 Seiten – 10 Abbildungen – 8° – M 4,–

Heft 2 Prof. Dr. RUDOLF SACHSENWEGER, Augenunabhängige optosensorische Wahrnehmungsformen
1983. 19 Seiten – 8° – M 4,–

Heft 3 Prof. Dr. HANS-GEORG SCHÖPF, Die Griechen und die Natur 1983. 62 Seiten – 8° – M 8,–

Heft 4 Prof. Dr. Ing. JÁN BENETIN, Mathematisches Modell für das Wachstum von landwirtschaftlichen Kulturen und seine Verwertung in der quantitativen Beurteilung des Bewässerungseffektes auf die Steigerung der Ernteerträge 1983. 36 Seiten – 18 Abbildungen – 3 Tabellen – 8° – M 6,–

Heft 5 Prof. Dr. HANS DRISCHEL †, Neues über die Pupille
1983. 30 Seiten – 26 Abbildungen – 8° – M 4,–

Heft 6 Prof. Dr. BENNO PARTHIER, Der Beitrag der Molekularbiologie zur Evolutionserkenntnis
1983. 41 Seiten – 19 Abbildungen – 2 Tabellen – 8° – M 6,–

Heft 7 Prof. Dr. ADOLF WATZNAUER, Die Rolle des Radons (Isotop ^{222}Rn) als Umweltfaktor – eine Übersicht
1983. 34 Seiten – 3 Abbildungen – 4 Tabellen – 8° – M 5,–

Band 117

Heft 1 Prof. Dr. sc. KLAUS DÖRTER, Einige Aspekte zum landeskulturellen Nutzen des Meliorationswesens
1984. 31 Seiten – 10 Abbildungen – 11 Tabellen – 8° – M 8,–

Heft 2 Prof. Dr. HERBERT BECKERT, Nichtlineare Elastizitätstheorie 1984. 58 Seiten – 8° – M 8,–

Heft 3 Prof. Dr. HERBERT JORDAN, Zur funktionellen Normalität des Menschen
1984. 29 Seiten – 15 Abbildungen – 1 Tabelle – 8° – M 4,–

Heft 4 Dr. ARND BERNHARDT / KLAUS-DIETER JÄGER / KARL MANNSFELD / INGE HARTSCH, Beiträge zum Problemkreis des Landschaftswandels
1985. 101 Seiten – 3 Abbildungen – 5 Tabellen – 2 Übersichten – 8° – M 14,–

Heft 5 Prof. Dr. OTT-HEINRICH KELLER, Das Zählen als angeborene Verhaltensweise
1984. 36 Seiten – 11 Abbildungen – 8° – M 6,–

Heft 6 Prof. Dr. WOLFGANG BUCHHEIM, Komplementarität nach Niels Bohr – physikgeschichtliche Episode oder universale Kategorie von Ergänzung? 1984. 30 Seiten – 3 Tabellen – 8° – M 4,–

Heft 7 Prof. Dr. BENNO PARTHIER, Gene, Gentechnik, Genmanipulation
1984. 28 Seiten – 7 Abbildungen – 8° – M 4,–

Band 118

Heft 1 Prof. Dr. HANS JÜRGEN RÖSLER, Geowissenschaften und Geochemie
1985. 24 Seiten – 11 Abbildungen – 8° – M 4,–

Heft 2 Prof. Dr. HERBERT BECKERT, Axiomatik – Mathematik und Erfahrung
1985. 19 Seiten – 8° – M 3,–

Heft 3 Prof. Dr. HERMANN BERG, Zellfusion, Transformation und Pharmakainkorporation durch Elektrostimulation 1985. 27 Seiten – 15 Abbildungen – 8° – M 4,–

Heft 4 Prof. Dr. N. JOACHIM LEHMANN, Die analytische Maschine. Grundlagen einer Computer-Analytik
1985. 64 Seiten – 5 Abbildungen – 8° – M 8,–

Heft 5 Prof. Dr. Dietrich Uhlmann, Die anthropogene Eutrophierung der Gewässer — Ein umkehrbarer Prozeß? 1985. 32 Seiten — 16 Abbildungen — 8° — M 4,—

Heft 6 Prof. Dr. Friedrich Wolf, Dr. Magdalena Weise, Der Sirotherm-Prozeß — Ein Verfahren zur rationellen Wasserentsalzung 1986. 31 Seiten — 12 Abbildungen — 7 Tabellen — 8° — M 4,—

Heft 7 Dr. sc. Ruth Zwicker / Dr. sc. Herbert Führer / Gerhard Plötner / Prof. Dr. med. Herbert Jordan, Prof. Dr. Wolfgang Buchheim, Modellversuche zum Vervoreffekt nach V. VOUK unter biophysikalischen Gesichtspunkten
1986. 52 Seiten — 14 Abbildungen — 11 Tabellen — 8° — M 7,—

Band 119

Heft 1 Prof. Dr. Werner Ries, Methoden und Erkenntnisse der Alternsforschung
1986. 31 Seiten — 20 Abbildungen — 8° — M 4,—

Heft 2 Prof. Dr. Heinz Penzlin, Die Erscheinung des Lebendigen in unserer Welt
1986. 91 Seiten — 10 Abbildungen — 3 Tabellen — 8° — M 12,—

Heft 3 Prof. Dr. Hans-Heinz Emons, Dr. sc. phil. Dr. rer. nat. Hans-Henning Walter, Historische Entwicklung und zukünftige Tendenzen der Siedesalz-Produktion unter besonderer Berücksichtigung der ehemaligen Salinen im sächsisch-thüringischen Raum
1986. 42 Seiten — 19 Abbildungen — 4 Tabellen — 8° — M 6,—

Heft 4 Prof. Dr. Herbert Jordan, „Basimetry“: Ansätze einer chronotherapeutischen Urteilsbildung
1987. 31 Seiten — 16 Abbildungen — 1 Tabelle — 8° — M 4,—

Heft 5 Dr. sc. Harald Hilbig, Existenzsätze für einige Totwasserprobleme der Hydrodynamik
1987. 101 Seiten — 21 Abbildungen — 8° — M 14,—

Heft 6 Dr. Matthias Sachsenweger, Dr. Ulrich Sachsenweger, Das Raumsehen bei bewegten Objekten auf der Basis der dynamischen Stereoskopie und der Bewegungsparallaktoskopie sowie seine Bedeutung für Arbeits- und Verkehrsmedizin *In Vorbereitung*

Band 120

Heft 1 Prof. Dr. Hermann Berg u. a.: Kanzerostatische Anthrazykline, physikochemische Eigenschaften und Wirkungsmechanismen *In Vorbereitung*

Heft 2 Prof. Dr. Artur Lösche, Der Kernspin: Von der Hypothese zum modernen Analysenwerkzeug. (Eine beinahe geschichtliche Betrachtung um der Sache willen) *Vorliegendes Heft*

Heft 3 Prof. Dr. Dr. h. c. Joachim Scharf, Anfänge von systematischer Anatomie und Teratologie im alten Babylon *In Vorbereitung*

Einzel- oder Fortsetzungsbestellungen durch eine Buchhandlung erbeten

Sitzungsberichte bis Band 108
durch das Zentralantiquariat der Deutschen Demokratischen Republik, Leipzig,
ab Band 109 durch die Universitätsbuchhandlung, 7010 Leipzig, zum Teil noch lieferbar

AKADEMIE-VERLAG BERLIN
DDR-1086 Berlin, Leipziger Straße 3—4

ISBN 3-05-500480-9
ISSN 0371-327X

FSC
www.fsc.org
MIX
Papier | Fördert
gute Waldnutzung
FSC® C083411

Zeitfracht Medien GmbH
Ferdinand-Jühlke-Straße 7
99095 Erfurt, Deutschland
produktsicherheit@kolibri360.de